BEI GRIN MACHT SICH IHR WISSEN BEZAHLT

- Wir veröffentlichen Ihre Hausarbeit,
  Bachelor- und Masterarbeit

- Ihr eigenes eBook und Buch -
  weltweit in allen wichtigen Shops

- Verdienen Sie an jedem Verkauf

Jetzt bei www.GRIN.com hochladen
und kostenlos publizieren

Bibliografische Information der Deutschen Nationalbibliothek:

Die Deutsche Bibliothek verzeichnet diese Publikation in der Deutschen National-
bibliografie; detaillierte bibliografische Daten sind im Internet über http://dnb.d-
nb.de/ abrufbar.

Impressum:

Copyright © 2016 GRIN Verlag, Open Publishing GmbH
Druck und Bindung: Books on Demand GmbH, Norderstedt Germany
ISBN: 9783668523586

Dieses Buch bei GRIN:

http://www.grin.com/de/e-book/375938/ueberblick-ueber-die-eigenschaften-und-
einsatzbereiche-der-verschiedenen

Carsten Steinle

Überblick über die Eigenschaften und Einsatzbereiche der verschiedenen Wärmedammstoffe und mögliche Maßnahmen hinsichtlich der Einsparung von Energie durch Wärmedämmung

GRIN Verlag

Wärmedämmung

Eigenschaften und Anwendungen

Hausarbeit im Modul

„Immobilienmanagement I: Bautechnische Grundlagen (BR 13)"

EBZ Business School,
University of Applied Sciences, Bochum

Eingereicht von:

Carsten Steinle

Heidelberg, 5. Januar 2017

Inhaltsverzeichnis

Abkürzungsverzeichnis

Zur Auflistung verwendeter, im Fachgebiet gebräuchlicher Abkürzungen. Allgemein gebräuchliche Abkürzungen – siehe bspw. Duden – werden hierbei nicht aufgelistet.

Ca.	circa
CO_2	Kohlenstoffdioxid
EPS	expandiertes Polystyrol
Etc.	et cetera
[kg/m³]	Kilogramm pro Kubikmeter
[KJ/m³K]	Kilojoule pro Kubikmeter und Kelvin
PEI	Primärenergieinhalt
PEV	Primärenergieverbrauch
sd-Wert	diffusionsäquivalente Luftschichtdicke
u. a.	unter anderem
U-Wert	Wärmedurchgangskoeffizient
[W/(m²K)]	Watt pro Quadratmeter und Kelvin
[Wh/(kgK)]	Wattstunde je Kiligramm und Kelvin
XPS	extrudiertes Polystyrol
µ	my
ϱ	rho
λ	lambda
°C	Grad Celsius
∞	unendlich

Abbildungsverzeichnis

Tabellenverzeichnis

1. Einleitung

Steigende Energiekosten sowie der Klimawandel erfordern es, über mögliche Einsparpotenziale nicht nur Nachzudenken, sondern auch konkrete Schritte zu unternehmen. Somit sind, zur Verminderung der Energiekosten und Energieverbrauchs von Gebäuden, Wärmedämmstoffe ein wesentlicher Bestandteil der Energiewende. Wärmedämmstoffe übernehmen neben den Einsparungen auch weitere wichtige Funktionen für den Endnutzer wie z. B. den Werterhalt des Gebäudes. Eine ausreichende Dämmung schützt die Bausubstanz vor Feuchtigkeit und Frostschäden und sorgt zudem für ein wohnhygienisches und behagliches Raumklima. Allein für die Raumwärme in Wohngebäuden wird bis zu 85 % der eingesetzten Energie verwendet. Ist eine Gebäudehülle schlecht oder überhaupt nicht gedämmt, geht ein Großteil dieser Heizwärme verloren. Durch das durchführen von geeigneten Wärmedämmmaßnahmen der Gebäudehülle kann somit der Verlust stark reduziert werden. In vielen Teilen von Wohngebäuden finden Wärmedämmstoffe Anwendung. Zu den wichtigsten Einsatzbereichen zählt primär die energetische Modernisierung von Bestandsimmobilien sowie die Wärmedämmung im Neubau.[1] Für die Dämmung von Gebäudeteilen wie z. B. der Außenfassade, der Kellerdecke oder des Daches sind eine Vielzahl von Wärmedämmstoffen auf dem Markt erhältlich. Die Vielfalt die verschiedensten Wärmedämmstoffe und Produkten ermöglichen dem Nutzer optimale wärmetechnische Lösungen umzusetzen. Werden die Wärmedämmmaßnahmen fachgerecht und nach der Norm ausgeführt, kann die Energieeffizienz des Gebäudes gesteigert werden, Bauteile geschützt und der Wohnkomfort nachhaltig verbessert werden.[2]

Ziel dieser Studienarbeit ist es, einen Überblick über die Eigenschaften und Einsatzbereiche der verschiedenen Wärmedämmstoffe zu erhalten sowie mögliche Maßnahmen hinsichtlich der Einsparung von Energie durch Wärmedämmung aufzuzeigen. Aufgrund der herrschenden Heterogenität in der Bauweise / Technik des Immobilienbestands kann jedoch keine pauschale Aussage über ein / en funktionierenden Wärmedämmstoff / System gegeben werden. Bei der Auswahl der Maßnahmen ist neben den Investitionsmöglichkeiten auch die sinnvolle Reihenfolge zu beachten. Dies setzt neben bauphysikalischen Grundkenntnissen ebenfalls eine gewisse Marktkenntnis voraus. Neben den bauphysikalischen Grundlagen, den technischen Eigenschaften und den Normen von Wärmedämmstoffen wird in dieser Studienarbeit auf die Anwendungsbereiche eingegangen. Somit lassen sich letztendlich Wärmedämmstoffe hinsichtlich ihrer Ökonomie und Ökologie bewerten.

2. Bauphysikalische Grundlagen, technische Eigenschaften und Normen

Bei der Verarbeitung von Wärmedämmstoffen sollten zuvor die bauphysikalischen und technischen Eigenschaften begutachtet werden, denn nicht jeder Dämmstoff ist für jedes Einsatzgebiet geeignet. Im Folgenden werden die wichtigsten Eigenschaften und Kennwerte

---

[1] Vgl. Dipl.- Ing. Christoph Sprengard u. a. (2012): Technologien und Techniken zur Verbesserung der Energieeffizienz von Gebäuden durch Wärmedämmstoffe, München, S. 16.
[2] Vgl. ebd., S. 16.

von Wärmedämmstoffe erläutert und dargestellt um anschließend die Stoffe in ihrer Eigenschaft bewerten zu können.

2.1 Thermische Eigenschaften

Unter thermischen Eigenschaften von Dämmstoffen versteht man, in wie weit ein Dämmstoff Bauteile vor Wärme schützen oder Wärme speichern kann. Der Wärmeschutz und die Wärmespeicherfähigkeit sind somit ausschlaggebend um ein behagliches Wohnklima zu erhalten.

2.1.1 Wärmeschutz

Ziel des Wärmeschutzes ist den Wärmeverlust zu minimieren und damit die Einsparung von Energie zu erreichen.[3] Dies kann durch die Verwendung von wärmedämmenden Baustoffen oder durch eine geeignete Wärmedämmung erreicht werden. Der Wärmeschutz darf nicht isoliert betrachtet werden, denn jede Maßnahme zum Schutz von Feuchtigkeit an Bauteilen, dient zugleich dem Wärmeschutz.[4] Der Wärmeschutz eines Gebäudes dient jedoch primär dazu, den Wärmedurchlass der Gebäudehülle zu verringern. Es ist zunächst festzustellen wie der Wärmedurchlass / Wärmetransport definiert wird. Physikalisch wird der Wärmedurchlass durch den Wärmedurchgangskoeffizienten, auch genannt U-Wert, dargestellt.[5] Um den U-Wert zu berechnen, sind Bemessungswerte der Wärmeleitfähigkeit (λ) erforderlich. Die Berechnung des U-Werts erfolgt in Deutschland nach der DIN 4108-4.[6] Je geringer die Wärmeleitfähigkeit (λ) eines Dämmstoffes, desto höher ist der zu erreichende Wärmeschutz. Ein kleiner U-Wert spricht somit für eine gut gedämmt Gebäudehülle. Der U-Wert in $W/(m^2K)$ gibt an, wie viel Wärmemenge durch einen Quadratmeter eines Bauteils durchdringt. Die Angabe ist bezogen auf eine Temperaturdifferenz der an das Bauteil angrenzenden Luft (außen; innen) von 1 Kelvin (da die Messeinteilungen von Kelvin und Grad Celsius identisch sind, entspricht dies 1°C).[7] Neben dem U-Wert sollten jedoch weitere Kriterien wie z. B. die Wandfeuchtigkeit oder die Speicherfähigkeit betrachtet werden, da der U-Wert eine unvollständige Aussagekraft besitzt.

In nachfolgender Abbildung wird die Wärmeleitfähigkeit verschiedener Dämmstoffe ersichtlich.

---

[3] Vgl. Max Direktor (1995): Dämmung und Isolierung, München, S. 16.
[4] Vgl. ebd., S. 16.
[5] Vgl. Ulrich E. Stempel (2009): Dämmen und Sanieren in Alt- und Neubauten, Poing, S. 19.
[6] Vgl. Dipl.- Ing. Christoph Sprengard u. a. (2012): Technologien und Techniken zur Verbesserung der Energieeffizienz von Gebäuden durch Wärmedämmstoffe, S. 17.
[7] Def. lt. Ulrich E. Stempel (2009): Dämmen und Sanieren in Alt- und Neubauten, S. 20.

Abbildung 1: Bereich der Wärmeleitfähigkeiten von dämmenden Baustoffen[8]

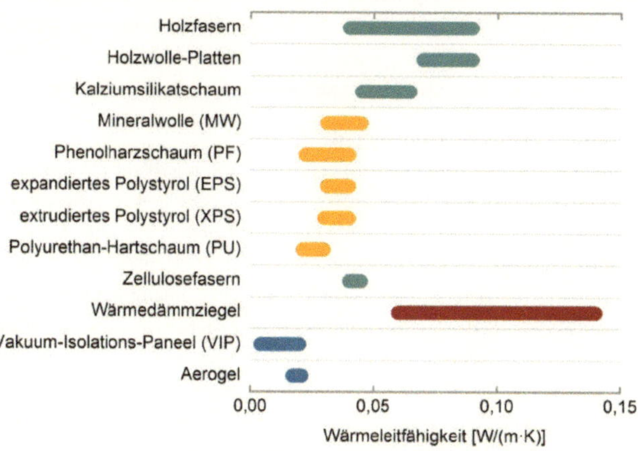

2.1.2 Wärmespeicherfähigkeit

Um eine übermäßige Erwärmung oder Auskühlung und kurzfristige Temperaturschwankungen zu vermeiden, ist ein Wärmedämmstoff mit einer guten Wärmespeicherfähigkeit wichtig.[9] Die Speicherfähigkeit eines Wärmedämmstoffes wird durch die Rohdichte und die Wärmespeicherkapazität bestimmt.[10] Im Sommer entsteht eine geringere Erwärmung, je speicherfähiger die Bausubstanzen sind, welche mit der Raumluft in Kontakt stehen. Holzfaserdämmstoffe besitzen im Vergleich zu Mineral- und Polyesterfasern eine hohe Wärmespeicherfähigkeit. Errechnet wird die Wärmespeicherfähigkeit s [KJ/m³K] des Wärmedämmstoffes mit der Multiplikation der Einbaudichte ϱ [kg/m³] und der Wärmekapazität c [Wh/(kgK)].[11] Eine Kombination aus einem speicherfähigen Dämmstoffe in innenliegenden Bereichen und einem wärmedämmenden Stoff im Außenbereich führen zu einem behaglichen Wohnklima.

2.2 Hygrische Eigenschaften

Die Dämmwirkung wird durch feuchte Wände oder feuchtes Dämmmaterial enorm beeinträchtigt. Daher ist bei der Verwendung von Wärmedämmstoffen darauf zu achten, dass diese trocken gelagert und verarbeitet werden. Eine dauerhafte Feuchtigkeit in der Gebäudehülle fördert die Schimmel- und Schwammbildung und gefährdet den Erhalt des Gebäu-

---

[8] Dipl.- Ing. Christoph Sprengard u. a. (2012): Technologien und Techniken zur Verbesserung der Energieeffizienz von Gebäuden durch Wärmedämmstoffe, S. 17.

[9] Vgl. Verbraucherzentrale Bundesverband e.V. (2009): Wärmedämmung - Vom Keller bis zum Dach, 6, Berlin, S. 13.

[10] Vgl. Dipl.- Ing. Christoph Sprengard u. a. (2012): Technologien und Techniken zur Verbesserung der Energieeffizienz von Gebäuden durch Wärmedämmstoffe, S. 17.

[11] Berechnung lt. : Dämmstoffe: Einteilung und Eigenschaften der Wärmedämmstoffe für die Wärmedämmung, Online-Ressource http://www.waermedaemmstoffe.com/htm/eigenschaften.htm, Letzter Zugriff: 28.12.2016.

des. Bei der Ausführung von Dämmmaßnahmen müssen die Materialien so verarbeitet werden, dass die eindringende Feuchtigkeit problemlos abtransportiert werden kann oder erst gar keine Feuchtigkeit entsteht. Nicht jeder Dämmstoff ist für feuchte Anwendungsbereiche geeignet. Um einen geeigneten Dämmstoff für diese Bereiche zu finden, ist der Diffusionswiederstand sowie das Wasseraufnahmevermögen zu betrachten.

2.2.1 Diffusionswiderstand

Eine Eigenschaft von Baustoffen ist es, für Wasserdampf weitestgehend durchlässig zu sein. In wie weit ein Dämmstoff diffusionsfähig[12] ist, hängt von den verarbeiteten Materialien und der Dicke der Schichten ab. Als Diffusionswiederstand einer Schicht gibt man die Luftdicke in Metern an, die der Diffusion[13] denselben Widerstand entgegensetzten würde wie die betreffende Schicht des Baustoffes. Je mehr Wasserdampf auf dem Weg durch ein Baustoff (in der Regel von der warmen zur kalten Seite) gebremst wird, desto höher ist der in µ angegebene Wert.[14] Bei offenporigen Konstruktionen wird ein Möglichst niedriger µ-Wert angegeben, da hier die feuchte Luft schnell und ungehindert durch den Baustoff strömen soll. Abbildung 2 zeigt das Prinzip der Wasserdampfdurchlässigkeit bei einer 1m dicken Luftschicht im Vergleich zur Durchlässigkeit eines Baustoffes.

Abbildung 2: Prinzip der Wasserdampfdurchlässigkeit[15]

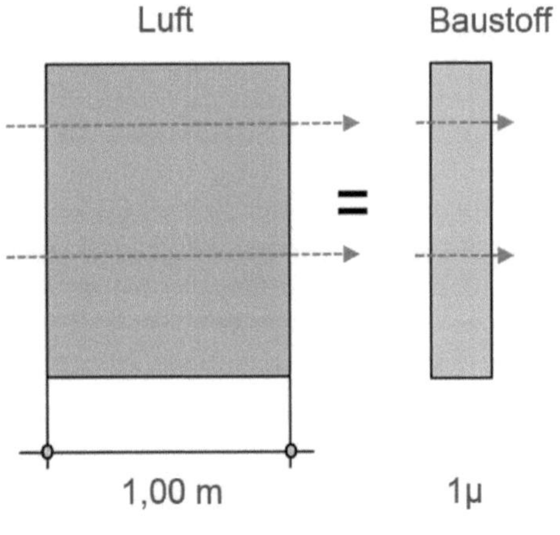

Multipliziert man die Schichtdicke eines Dämmstoffes (s) mit der Wasserdampfdiffusionswiderstandszahl (µ) so erhält man die sogenannte diffusionsäquivalente Luftschichtdicke, auch sd-Wert genannt.[16] Demnach hätte zum Beispiel eine 24 cm dicke Mauerschicht aus

---

12 Für Wasserdampf durchlässig
13 Austausch von Wasserdampf- und Luftmolekülen
14 Vgl. Ulrich E. Stempel (2009): Dämmen und Sanieren in Alt- und Neubauten, S. 38.
15 ebd., S. 38.
16 Vgl. Dipl.- Ing. Christoph Sprengard u. a. (2012): Technologien und Techniken zur Verbesserung der Energieeffizienz von Gebäuden durch Wärmedämmstoffe, S. 18.

Ziegelsteinen ($\mu=8$) einen sd-Wert von 1,92 m.[17] In der DIN 4108-3 werden Materialien mit den sd-Werten wie folgt kategorisiert:[18]

- Diffusionsoffene Schicht: sd-Wert < 0,5 m
- Diffusionshemmende Schicht: 0,5 m < sd-Wert < 1500 m
- Diffusionsdichte Schicht: sd-Wer > 1500 m

2.2.2 Wasseraufnahmevermögen

Bei Dämmarbeiten ist darauf zu achten, dass in den Bereichen bei denen die Gefahr der Durchfeuchtung besteht, Dämmstoffe verarbeitet werden, welche ein geringes Wasseraufnahmevermögen besitzen. Hierbei unterscheidet man zwischen der Aufnahme von Ausgleichsfeuchte, also Wasserdampf und flüssigem Wasser. Der Feuchtegehalt im Dämmstoff wirkt sich auf die Wärmeleitfähigkeit aus, da Wasser eine höhere Wärmeleitfähigkeit als die Luft im Dämmstoff besitzt.[19]

2.3 Brandschutz

Bei der Verarbeitung von Wärmedämmstoffen sind bestimmte Brandschutzbestimmungen einzuhalten, da die Dämmmaterialien im Brandfall mehr oder weniger als Schutz für die Bewohner dient. Dämmstoffmaterialien werden in unterschiedliche Baustoffklassen gegliedert aus denen das Brandverhalten abzuleiten ist.[20]

- **Brandschutzklasse A:** Materialien die nicht brennbar sind (z. B. Beton)
- **Brandschutzklasse A1:** Stoffe die nicht brennbar sind, ohne organische / brennbare Bestandteile (z. B. Mineralwolle)
- **Brandschutzklasse A2:** Materialien, welche nicht brennbar sind, jedoch brennbare organische Bestandteile besitzen (z. B. Gipskartonplatten)
- **Brandschutzklasse B:** Brennbare Stoffe
- **Brandschutzklasse B1:** Schwer entflammbare Stoffe (z. B. Hartschaumkunststoffe)
- **Brandschutzklasse B2:** Normal entflammbar (z. B. Holzwerkstoffe > 2mm Dicke)
- **Brandschutzklasse B3:** Leicht entflammbar (z. B. Pappe)

Beim Brandschutz ist für Dämmmaterialien eine entsprechende Feuerwiderstandsdauer erforderlich. Die Feuerwiderstandsdauer dient dazu, dass im Brandfall genügend Zeit vorhanden ist Personen im Gebäude zu retten.

---

[17] Vgl. Ulrich E. Stempel (2009): Dämmen und Sanieren in Alt- und Neubauten, S. 38.
[18] Vgl. Dipl.- Ing. Christoph Sprengard u. a. (2012): Technologien und Techniken zur Verbesserung der Energieeffizienz von Gebäuden durch Wärmedämmstoffe, S. 18.
[19] Vgl. Dämmstoffe: Einteilung und Eigenschaften der Wärmedämmstoffe für die Wärmedämmung.
[20] Vgl. Max Direktor (1995): Dämmung und Isolierung, S. 37.

Tabelle 1: Feuerwiderstandsklassen[21]

Bezeichnung	Feuerwiderstandsdauer in Minuten	Benennung
F30	30	Feuerhemmend
F60	60	
F90	90	Feuerbeständig
F120	120	
F180	180	Hochfeuerbeständig

Hersteller von Dämmmaterialien sind dazu verpflichtet, diese auf die Feuerwiderstandsdauer zu testen und die Bezeichnung als Packungsbeilage beizufügen.

2.4 Primärenergieinhalt / Primärenergieverbrauch

Der Primärenergieinhalt (PEI) gibt den energetischen Aufwand an, welcher zur Herstellung der Materialien benötigt wird. Der PEI ergibt sich aus dem Arbeitsaufwand (Maschinen, Arbeiter) auf der Baustelle und dem Herstellungsaufwand der genutzten Materialien.[22] Als Alternative zum Primärenergieinhalt dient der Primärenergieverbrauch (PEV). Er gibt den Energieinhalt der Brennstoffe an, welcher für die Herstellung eines Wärmedämmstoffes benötigt wird. Hierbei werden sowohl der Verbrauch in der Rohstoffgewinnung berücksichtigt, als auch den Energieverbrauch welcher durch den Transport verursacht wird.[23] Durch den PEV kann ermittelt werden, wie schnell sich eine Wärmeschutzmaßnahme aus energetischer Sicht amortisiert hat. Hierzu werden die Werte des Einsparungspotenzials des Dämmstoffes und der PEV miteinander verglichen.

2.5 Dämmstoff Normen

Wie bereits erwähnt besitzt jeder Dämmstoff unterschiedliche Eigenschaften, welche bei der Wahl des Einsatzbereiches berücksichtigt werden müssen. Damit die Sicherheit des Gebäudes sowie die Funktion der Maßnahmen gewährleistet ist, unterliegen Dämmstoffe rechtlichen Normen und Vorschriften. Wie in Kapitel 2.3 ist gerade die Unterteilung der Dämmstoffe in verschiedene Brandschutzklassen besonders wichtig. Seit der Bauproduktverordnung vom Jahr 2013 gilt für die Europäischen Mitgliedsstaaten ein verbindlicher Rechtsakt der regelt, wie der Nachweis über die produktbezogenen Eigenschaften von Dämmstoffen zu führen ist. Viele Wärmedämmstoffe besitzen bereits eine harmonisierende europäische Norm. Werden diese Normen in das deutsche Regelwerk übernommen, erhalten Sie die DIN EN-Kennzeichnung.[24] Diese Produkte werden anschließend in die Bauregelliste B amtlich

---

[21] Ulrich E. Stempel (2009): Dämmen und Sanieren in Alt- und Neubauten, S. 43.
[22] Vgl. Verbraucherzentrale Bundesverband e.V. (2009): Wärmedämmung - Vom Keller bis zum Dach, S. 28.
[23] Vgl. Dipl.- Ing. Christoph Sprengard u. a. (2012): Technologien und Techniken zur Verbesserung der Energieeffizienz von Gebäuden durch Wärmedämmstoffe, S. 22.
[24] Vgl. ebd., S. 56 ff.

eingeführt. Eine Übersicht der DIN EN-Kennzeichnung ist im Anhang A.2. – A.4. beigefügt.

3. Wärmedämmstoffe – Eigenschaften und Anwendungsbereiche

Bei den Arten von Dämmstoffen unterscheidet man zwischen den anorganischen Dämmstoffen und den organischen Dämmstoffen. Anorganische Dämmstoffe bestehen aus natürlichen oder künstlich hergestellten mineralischen Stoffen. Die organischen Dämmstoffe hingegen werden aus natürlichen oder synthetischen Rohstoffen erstellt. Die Anwendungsbereiche von Dämmstoffen werden unteranderem in der DIN 4108-10 geregelt. Eine Übersicht der Anwendungsgebiete und deren Kurzzeichen ist als Anhang A.1. beigefügt.

3.1 Anorganisch

3.1.1 Aerogel

Aerogel, auch bekannt als Nanogel, ist in Matten- oder in Granulatform erhältlich. Aufgrund der Flexibilität des Dämmstoffes ergeben sich viele Anwendungsbereiche wie z. B. im Wärme-, Schall- und Brandschutz. Das Nanogel in Mattenform wird u. a. für die Dämmung der Außenfassaden verwendet. Aufgrund der geringen Materialstärke von 12 mm Dicke je Matte und der geringen Wärmeleitfähigkeit, wird das Aerogel oft für Innendämmungen verwendet. Das Material ist fast transparent und sehr temperaturstabil.[25] Als primären Anwendungsbereich sieht die DIN 4108-10 Aerogel als Dämmung von zweischaligen Wänden oder als Kerndämmung vor.

Abbildung 3: Aerogel in Matten und Granulatform[26]

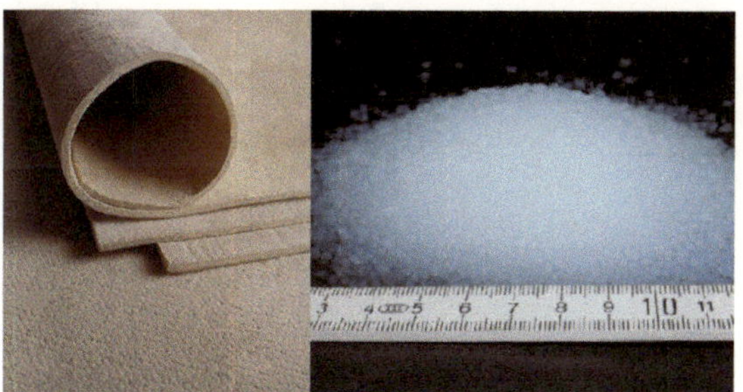

---

[25] Vgl. ebd., S. 24.

[26] : Aerogel.jpg (JPEG-Grafik, 300 × 367 Pixel), Online-Ressource http://www.aerogel24.de/out/pictures/generated/product/1/665_665_75/pyrogel-xt_e(7).jpg, Letzter Zugriff: 29.12.2016.: aerogel-roh.jpg (JPEG-Grafik, 800 × 800 Pixel), Online-Ressource http://www.aerogel24.de/out/pictures/master/product/1/aerogel-roh.jpg, Letzter Zugriff: 29.12.2016.

Tabelle 2: Eigenschaften Aerogel[27]

Wärmeleitfähigkeit (λ)	[W/(m*K)]	0,018 – 0,021 (lose)
		0,014-0,017 (Matten)
Wärmekapazität (c)	[Wh/(kg*K)]	1.000-1.500
Einbaudichte (ϱ)	[kg/m³]	75 - 80 (lose)
		130-350 (Matten)
Wärmespeicherfähigkeit (s)	[KJ/m³K]	75.000 – 120.000 (lose)
		130.000 – 525.000 (Matten)
Diffusionswiederstand (µ)	[-]	2-3 (lose)
Brandklasse		A1
Produktnorm		Nein
Anwendungsbereiche		WZ

3.1.2 Mineralwolle

Unter die Bezeichnung „Mineralwolle" fallen die Faserdämmstoffe Glaswolle und Steinwolle. Beide zählen zu den anorganischen Dämmstoffen. Mineralwolle ist in Rollen, Platten sowie Matten erhältlich. Herkömmlich weisen diese Matten zwischen 12-240 mm Dicke auf.

Die Mineralwolle findet in vielen Anwendungsbereichen ihren Einsatz. Verstärkt wird sie für die Außendämmung von Dächern und Decken verwendet, aber auch im Bereich der Dämmung von Außenwänden findet sie ihren Einsatz. Hierbei ist jedoch darauf zu achten, dass die Mineralwolle nicht der direkten Witterung ausgesetzt wird, sondern hinter Putz oder einer Bekleidung verarbeitet wird. Sämtliche Anwendungsbeispiele sind aus der folgenden Tabelle sowie aus der Anlage zu entnehmen.

Abbildung 4: Minerallwolle in Rollenform[28]

[27] Vgl. Dipl.- Ing. Christoph Sprengard u. a. (2012): Technologien und Techniken zur Verbesserung der Energieeffizienz von Gebäuden durch Wärmedämmstoffe, S. 25.
[28] : Mineralwolle.jpg (JPEG-Grafik, 1004 × 544 Pixel), Online-Ressource https://daemmstoffeimnetz.de/wp-content/uploads/2015/03/sg_kf4-032_140er.jpg, Letzter Zugriff: 02.01.2017.

Tabelle 3: Eigenschaften Mineralwolle[29]

Wärmeleitfähigkeit (λ)	[W/(m*K)]	0,032 – 0,048
Wärmekapazität **(c)**	[Wh/(kg*K)]	840 – 1.000 (Glaswolle)
		600 – 840 (Steinwolle)
Einbaudichte **(ϱ)**	[kg/m³]	15 - 150 (Glaswolle)
		30 - 220 (Steinwolle)
Wärmespeicherfähigkeit **(s)**	[KJ/m³K]	12.600 – 15.0000 (Glaswolle)
		18.000 – 184.800
Diffusionswiederstand **(μ)**	[-]	1-2
Brandklasse		A1, A2, B1
Produktnorm		DIN EN 13162; DIN EN 14303
Anwendungsbereiche		DAA, DAD, DEO, DES, DI, DZ, WAB, WAP, WZ, WH, WI, WTR, WTH

3.1.3 Schaumglas

Schaumglas besteht im Wesentlichen aus den gleichen Substanzen wie herkömmliches Glas. Oft werden die Dämmstoffe durch die Verwendung von Altglas hergestellt. Wärmedämmstoffe aus Schaumglas können in Form von Platten oder in Granulatform erworben werden. Nachteil an Schaumglas ist, dass die Platten punktuell nur geringe Lasten aufnehmen können. Daher werden bei der Verarbeitung die Dämmplatten in Heißbitumen verlegt, um eine stabile Auflage zu erhalten. Besondere Eigenschaft des Schaumglases ist es, dass es einen Diffusionswiederstand besitzt, der nahezu unendlich ist. Das hat den Vorteil, dass es nach dem Einbau stets trocken bleibt, da es Wasserdampf weder durchlassen noch aufnehmen kann.

Anwendung findet Schaumglas in den gleichen Bereichen wie die Mineralwolle. Dämmstoffe aus Schaumglas können jedoch auch für Bereiche außerhalb der Abdichtungen verwendet werden wie z. B. in den Bereichen im Erdreich zur Dämmung der Bodenplatte.

Abbildung 5: Dämmstoffplatte aus Schaumglas[30]

---

[29] Vgl. Dipl.- Ing. Christoph Sprengard u. a. (2012): Technologien und Techniken zur Verbesserung der Energieeffizienz von Gebäuden durch Wärmedämmstoffe, S. 39.

[30] : Schaumglas.jpg (JPEG-Grafik, 350 × 282 Pixel), Online-Ressource http://de.foamglas.com/de/waermedaemmung/produkte/produktuebersicht/foamglas_platten/#1-1-1, Letzter Zugriff: 02.01.2017.

Tabelle 4: Eigenschaften Schaumglas[31]

Wärmeleitfähigkeit (λ)	[W/(m*K)]	0,037 – 0,060
Wärmekapazität (c)	[Wh/(kg*K)]	800 - 900
Einbaudichte (ϱ)	[kg/m³]	100 - 200
Wärmespeicherfähigkeit (s)	[KJ/m³K]	80.000 – 180.000
Diffusionswiederstand (µ)	[-]	∞
Brandklasse		A1
Produktnorm		DIN EN 13167 ; DIN EN 14305
Anwendungsbereiche		DAA, DAD, DEO, DI, WAA, WAB, WAP, WZ, WI, WTR, PW, PB

3.2 Organisch

3.2.1 Holzfaser

Holzfaser ist ein sehr nachhaltiger Dämmstoff, da dieser aus den Schwach- und Koppelholzprodukten der Industrie hergestellt werden. Bei der Herstellung von Holzfaserdämmstoffen unterscheidet man zwischen dem Trocken- und Nassverfahren. Das Verfahren hat Auswirkung auf die Produktdicke, so ist beim Nassverfahren die Produktdicke auf 30 mm begrenzt, während beim Trockenverfahren eine Dicke von 200 mm erreicht werden kann.

Im Vergleich zum Schaumglas, kann Holzfaser nicht in den Bereichen gegen Erdreich verarbeitet werden. Holzfaser kann z. B. zur Dämmung von Raumtrennwänden, als Innendämmung oder als Dämmung der Bodenplatte (oberseitig) verwendet werden. Primärer Anwendungsbereich von Holzfaserdämmstoffen ist wie bei der Mineralwolle im Bereichen der Dachdämmung.

Abbildung 6: Dämmstoffplatte aus Holzfaser[32]

---

[31] Vgl. Dipl.- Ing. Christoph Sprengard u. a. (2012): Technologien und Techniken zur Verbesserung der Energieeffizienz von Gebäuden durch Wärmedämmstoffe, S. 50.
[32] : Holzfaser.jpg (JPEG-Grafik, 620 × 300 Pixel), Online-Ressource http://www.finn-block.com/images/stories/Steico.jpg, Letzter Zugriff: 02.01.2017.

Tabelle 5: Eigenschaften Holzfaser[33]

Wärmeleitfähigkeit (λ)	[W/(m*K)]	0,038 – 0,090
Wärmekapazität (c)	[Wh/(kg*K)]	1.600 – 2.100
Einbaudichte (ϱ)	[kg/m³]	30 - 60 (lose) 50 - 270 (Matten / Platten)
Wärmespeicherfähigkeit (s)	[KJ/m³K]	48.000 – 126.000 (lose) 80.000 – 567.000 (Matten / Platten)
Diffusionswiederstand (μ)	[-]	1 - 2 (lose) 5 - 10 (Matten / Platten)
Brandklasse		B1, B2
Produktnorm		DIN EN 13171
Anwendungsbereiche		DAA, DAD, DZ, DI, DEO, DES, WAB, WAP, WZ, WH, WI, WTR

3.2.2 Polystyrol (EPS/XPS)

Bei dem Wärmedämmstoff Polystyrol unterscheidet man zwischen dem expandierten Polystyrol (EPS), auch als Styropor bekannt, und dem extrudierten Polystyrol (XPS). Durch unterschiedliche Herstellungsverfahren werden unterschiedlichste Dämmstoffe aus Polystyrol hergestellt. Polystyrol XPS weist einen höheren Feuchteschutz, eine bessere Druckfestigkeit sowie ein besseres Wärmedämmvermögen auf.

Polystyrol EPS hat sich in der Anwendung als Wärmedämmung der Außenwand bewährt. XPS hingegen wird oft für die Dämmung von Kelleraußenwänden oder Kellerfußböden verwendet. Polystyrol eignet sich ebenfalls für die Dämmung von Wärmebrückenbereichen und für die Kerndämmung von zweischaligem Mauerwerk.

Abbildung 7: Dämmplatten aus Polystyrols EPS/XPS[34]

---

[33] Vgl. Dipl.- Ing. Christoph Sprengard u. a. (2012): Technologien und Techniken zur Verbesserung der Energieeffizienz von Gebäuden durch Wärmedämmstoffe, S. 31.
[34] : Polystyrol EPS.jpg (JPEG-Grafik, 680 × 450 Pixel), Online-Ressource http://bachl.de/images/daemm/eps/produkte/EPS-Trittschall-Daemmplatte.jpg, Letzter Zugriff: 02.01.2017.: Polystyrol XPS.jpg (JPEG-Grafik, 628 × 419 Pixel), Online-Ressource http://www.geweco.ch/images/02normplblaulilaa.jpg, Letzter Zugriff: 02.01.2017.

Tabelle 6: Eigenschaften Polystyrol[35]

		EPS	XPS
Wärmeleitfähigkeit (λ)	[W/(m*K)]	0,031 – 0,045	0,028 – 0,042
Wärmekapazität (c)	[Wh/(kg*K)]	1.210 – 1.500	1.300 – 1.700
Einbaudichte (ϱ)	[kg/m³]	15 - 30	25 - 50
Wärmespeicherfähigkeit (s)	[KJ/m³K]	18.150 – 45.000	32.500 – 85.000
Diffusionswiederstand (μ)	[-]	20 - 100	80 - 200
Brandklasse		B1, B2	B1, B2
Produktnorm		DIN EN 13163; DIN EN 14309	DIN EN 13164; DIN EN 14307
Anwendungsbereiche		DAA, DAD, DEO, DES, DI, DZ, PB, PW WAA, WAB, WAP, WI, WZ	DAA, DAD, DEO, DI, DUK, PB, PW, WAB, WAP, WI, WZ

3.2.3 Polyurethan

Polyurethan ist Dämmstoff aus einem Hartschaum welcher in vielen Bereichen der Wärmedämmung Anwendung findet. Ihn kennzeichnet sein hoher Wärmeschutz bei geringer Dicke. Er gewährleistet aufgrund seiner technischen und physikalischen Eigenschaften eine hohe Energieeinsparung sowie eine gute Wirtschaftlichkeit.

Wärmedämmstoffe aus Polyurethan können in nahezu jedem Anwendungsbereich verarbeitet werden. Verstärkt werden sie für die Dämmung der Außenwand und im Bereich der Kellerwanddämmung verwendet. Aufgrund der hohen Druckfestigkeit ist Polyurethanplatten ist der Dämmstoff ebenfalls für die Verarbeitungen im Bereich der Decken / Bodendämmung in Form einer Trittschalldämmung geeignet.

Abbildung 8: Dämmplatte aus Polyurethan[36]

[35] Vgl. Dipl.- Ing. Christoph Sprengard u. a. (2012): Technologien und Techniken zur Verbesserung der Energieeffizienz von Gebäuden durch Wärmedämmstoffe, S. 42 ff.
[36] : Polyurethanplatte.jpg (JPEG-Grafik, 680 × 450 Pixel), Online-Ressource http://www.bachl.de/images/daemm/pur/produkte/PUR-PIR-Daemmplatten-MV.jpg, Letzter Zugriff: 02.01.2017.

Tabelle 7: Eigenschaften Polyurethan[37]

Wärmeleitfähigkeit (λ)	[W/(m*K)]	0,023 – 0,029
Wärmekapazität (c)	[Wh/(kg*K)]	1000-1500
Einbaudichte (ρ)	[kg/m³]	30 - 100
Wärmespeicherfähigkeit (s)	[KJ/m³K]	30.000 – 150.000
Diffusionswiederstand (µ)	[-]	40 - 200
Brandklasse		B1, B2
Produktnorm		DIN EN 13165; DIN EN 14308
Anwendungsbereiche		DAA, DAD, DEO, DI, DZ, PB, PW WAA, WAB, WAP, WH, WI, WZ

4. Bewertungskriterien

Neben den physikalischen und technischen Grundlagen der unterschiedlichen Dämmstoff-arten ist eine Betrachtung der ökologischen und ökonomischen Attribute äußerst sinnvoll. Bei den ökologischen Eigenschaften wird die Auswirkung des Dämmstoffs auf den Schutz der natürlichen Ressourcen betrachtet.[38] Bei den ökologischen Kriterien steht die Minimie-rung der Lebenszykluskosten, den Erhalt von Kapital und die Verbesserung der Wirtschaft-lichkeit im Fokus.[39]

4.1 Ökonomie

Wie wirtschaftlich ist eine Sanierungsmaßnahme und wie verhält sich die energetische Ein-sparung gegenüber den Investitionskosten bezogen auf die Nutzungsdauer? Eine Wärme-dämmung ist nicht grundsätzlich wirtschaftlich. In vereinzelten Fällen ist die Installation von Solaranlagen effektiver als eine umfangreiche Dämmmaßnahme.[40]

Eine vereinfachte Berechnung des Einsparpotenzials in % ist mit Hilfe des U-Wertes mög-lich. Hierzu dient als Formel: **Einsparung in % = 1 – (U-Wert (neu) / U-Wert (alt)).**[41] Zur Berechnung des Einsparpotenzials für die Ressourcen wie Gas je m³ oder Öl je l dient die Faustformel: **Einsparung (m³/l)= 8 x (U-Wert (neu) / U-Wert (alt)).**[42] Die Einspa-rung bezieht sich jeweils auf einen Quadratmeter der jeweiligen Fläche und Jahr. Vergleicht man nun die Einsparung der Ressourcen, unter Berücksichtigung der steigenden Energie-

---

[37] Vgl. Dipl.- Ing. Christoph Sprengard u. a. (2012): Technologien und Techniken zur Verbesserung der Ener-gieeffizienz von Gebäuden durch Wärmedämmstoffe, S. 45.
[38] Vgl. ebd., S. 114.
[39] Vgl. ebd., S. 112.
[40] Vgl. Ulrich E. Stempel (2009): Dämmen und Sanieren in Alt- und Neubauten, S. 14.
[41] Def. ebd., S. 14.
[42] Def. ebd., S. 15.

kosten, mit Investitionskosten, erhält man einen aussagekräftigen Wert. Um ein aussagekräftiges Ergebnis zu erhalten, ist es wichtig bei den Investitionskosten folgende ökonomische Kosten zu berücksichtigen bzw. in den Investitionskosten zu berücksichtigen:

- Material- und Verarbeitungskosten
- Wartungs- und Pflegekosten
- Kosten für den Rückbau
- Nutzungsdauer

Nur wenn sämtliche Kostenpositionen berücksichtigt werden, kann eine präzise Aussage über das Einsparpotenzial getroffen werden.

Folgendes Rechenbeispiel soll die Ökonomie einer Wärmedämmmaßnahme verdeutlichen:

Tabelle 8: Rechenbeispiel einer Wärmedämmmaßnahme[43]

Musterhaus (Energieverbrauch 300 kWh/(m²a))

Heizkosten nach 25 Jahren ohne Sanierungsmaßnahmen	266.000,00 €
Heizkosten nach 25 Jahren nach Sanierungsmaßnahmen	170.000,00 €
Dämmung der Außenwände (25 cm Dämmung)	18.000,00 €
Dachdämmung	14.000,00 €
Kellerdeckendämmung	4.000,00 €
Materialkosten Gesamt	**36.000,00 €**
Kosten der Maßnahmen inkl. Verzinsung[44]	61.000,00 €
Einsparung nach 25 Jahren[45]	78.000,00 €
Amortisationszeit	18 Jahre

4.2 Ökologie

In Kapitel 2.4 wurde bereits der Primärenergieinhalt bzw. der Primärenergieverbrauch als ökologischer Kennwert von Wärmedämmstoffen genannt. Als weiterer Kennwert kann die energetische Amortisation eines Wärmedämmstoffes herangezogen werden. Die energetische Amortisation gibt an, ab wann ein Wärmedämmstoff mehr Energie eigespart hat als er für die Produktion, Herstellung und Verarbeitung verbraucht hat. Je nach Dämmstoff beträgt die energetische Amortisation[46] zwischen 0,1 und 2 Jahren. In der Regel beträgt die

---

[43] Musterhaus Simulator: Ulrich E. Stempel (2009): Dämmen und Sanieren in Alt- und Neubauten
[44] Hierbei berücksichtigt werden die Zinsen der Bank / kalkulatorische Zinsen
[45] Differenz aus (Heizkosten (alt) – (Heizkosten (neu) + verzinste Investitionskosten))
[46] Bei einem Ausgangs U-Wert von 1,4 W/(m²·K)

14

Amortisationszeit der Wärmedämmstoffe nur wenigen Monate. Die energetische Amortisationszeit richtet sich nach dem angestrebten U-Wert.

Die größte Einsparung natürlicher Ressourcen entsteht natürlich durch die Minimierung der benötigten fossilen Brennstoffe. Führt man die Wärmedämmmaßnahmen aus dem Rechenbeispiel in 4.1 durch, so kann der Energieverbrauch von 300 kWh/(m²a) auf 192 kWh/(m²a) gesenkt werden. Dies entspricht einer CO_2 Einsparung von rund 36%.[47]

5. Schlussbetrachtung

Wie aus der Studienarbeit ersichtlich, gibt es eine Vielzahl an bautechnischen Grundlagen, physikalischen Eigenschaften und Normen welche bei der Verarbeitung von Wärmedämmstoffen berücksichtigt werden müssen, um ein nachhaltiges Ergebnis zu erzielen, welches den ökologischen und ökonomischen Zweck einer Maßnahme erfüllt. Ebenfalls ist die Gesamtplanung einer Wärmedämmmaßnahme besonders wichtig, um spätere Fehlinvestitionen zu vermeiden. Einzelne Konstruktionen müssen in einer sinnvollen Reihenfolge erfolgen und aufeinander abgestimmt werden, um mit späteren Maßnahmen zu harmonisieren. Es ist ebenfalls sinnvoller und wirtschaftlicher, Dämmmaßnahmen mit eventuell anstehenden Instandsetzungsmaßnahmen oder verschiedene Wärmeschutzmaßnahmen zu kombinieren.[48] Eine nachhaltige Verwendung und Verarbeitung von Wärmedämmstoffen dient der Umwelt und, in finanzieller Sicht, dem Endnutzer.

---

[47] Musterhaus Simulator: Ulrich E. Stempel (2009): Dämmen und Sanieren in Alt- und Neubauten
[48] vgl. Ulrich E. Stempel (2008): Häuser richtig dämmen, Poing, S. 16.

A. Anhang

A.1. Anwendungsgebiete von Dämmstoffen nach DIN 4108-10

Um die Dämmstoffe entsprechend dem Einsatzgebiet Wärmedämmung bzw. Trittschalldämmung bes
ser zuordnen zu können, unterschied man früher Anwendungstypen. Im Zuge der Vereinheitlichung de
nationalen Normen auf einen einheitlichen europäischen Normenkatalog, wurden auch die Anforderun
gen an die Wärmedämmstoffe neu definiert. Die neue Normung erlaubt eine bessere Zuordnung de
Dämmstoffe zu den jeweiligen Einsatzgebieten und gibt gleichzeitig Eigenschaften an.

Anwendungsgebiete nach der neuen DIN 4108-10:

Anwendungsgebiet	Kurzzeichen	Anwendungsbeispiele	Piktogramm
Decke, Dach	DAD	Außendämmung von Dach oder Decke, vor Bewitterung geschützt, Dämmung unter Deckungen	
	DAA	Außendämmung von Dach oder Decke, vor Bewitterung geschützt, Dämmung unter Abdichtung	
	DUK	Außendämmung des Daches, der Bewitterung ausgesetzt (Umkehrdach)	
	DZ	Zwischensparrendämmung, zweischaliges Dach, nicht begehbare, aber zugängliche oberste Geschoßdecken	
	DI	Innendämmung der Decke (unterseitig) oder des Daches, Dämmung unter den Sparren/Tragkonstruktion, abgehängte Decke, usw.	
	DEO	Innendämmung der Decke oder Bodenplatte (oberseitig) unter Estrich ohne Schallschutzanforderungen	

	DES	Innendämmung der Decke oder Bodenplatte (oberseitig) unter Estrich mit Schallschutzanforderungen	
Wand	WAB	Außendämmung der Wand hinter Bekleidung	
	WAA	Außendämmung der Wand hinter Abdichtung	
	WAP	Außendämmung der Wand unter Putz	
	WZ	Dämmung von zweischaligen Wänden, Kerndämmung	
	WH	Dämmung von Holzrahmen- und Holztafelbauweise	
	WI	Innendämmung der Wand	
	WTH	Dämmung zwischen Haustrennwänden mit Schallschutzanforderungen	
	WTR	Dämmung von Raumtrennwänden	
Perimeter	PW	Außen liegende Wärmedämmung von Wänden gegen Erdreich (außerhalb der Abdichtung)	
	PB	Außen liegende Wärmedämmung unter der Bodenplatte gegen Erdreich (außerhalb der Abdichtung)	

A.2. Normen für werkmäßig hergestellte Dämmstoffe

Normbezeichnung	Titel
DIN EN 13162:2013-03	Wärmedämmstoffe für Gebäude – Werkmäßig hergestellte Produkte aus Mineralwolle (MW) – Spezifikation; Deutsche Fassung EN13162:2012
DIN EN 13163:2013-03	Wärmedämmstoffe für Gebäude - Werkmäßig hergestellte Produkte aus expandiertem Polystyrol (EPS) - Spezifikation; Deutsche Fassung EN 13163:2012
DIN EN 13164:2013-03	Wärmedämmstoffe für Gebäude - Werkmäßig hergestellte Produkte aus extrudiertem Polystyrolschaum (XPS) - Spezifikation; Deutsche Fassung EN 13164:2012
DIN EN 13165:2013-03	Wärmedämmstoffe für Gebäude - Werkmäßig hergestellte Produkte aus Polyurethan-Hartschaum (PU) - Spezifikation; Deutsche Fassung EN 13165:2012
DIN EN 13166:2013-03	Wärmedämmstoffe für Gebäude - Werkmäßig hergestellte Produkte aus Phenolharzschaum (PF) - Spezifikation; Deutsche Fassung EN 13166:2012
DIN EN 13167:2013-03	Wärmedämmstoffe für Gebäude - Werkmäßig hergestellte Produkte aus Schaumglas (CG) - Spezifikation; Deutsche Fassung EN 13167:2012
DIN EN 13168:2013-03	Wärmedämmstoffe für Gebäude - Werkmäßig hergestellte Produkte aus Holzwolle (WW) - Spezifikation; Deutsche Fassung EN 13168:2012
DIN EN 13169:2013-03	Wärmedämmstoffe für Gebäude - Werkmäßig hergestellte Produkte aus Blähperlit (EPB) - Spezifikation; Deutsche Fassung EN 13169:2012
DIN EN 13170:2013-03	Wärmedämmstoffe für Gebäude - Werkmäßig hergestellte Produkte aus expandiertem Kork (ICB) - Spezifikation; Deutsche Fassung EN 13170:2012
DIN EN 13171:2013-03	Wärmedämmstoffe für Gebäude - Werkmäßig hergestellte Produkte aus Holz-

A.3. Harmonisierte Normen für an der Verwendungsstelle hergestellte Dämmstoffe

Normbezeichnung	Titel (der entsprechenden Norm)
DIN EN 14063-1:2004-11	Wärmedämmstoffe für Gebäude - An der Verwendungsstelle hergestellte Wärmedämmung aus Blähton-Leichtzuschlagstoffen (LWA) - Teil 1: Spezifikation für die Schüttdämmstoffe vor dem Einbau; Deutsche Fassung EN 14063-1:2004
DIN EN 14064-1:2010-06	Wärmedämmstoffe für Gebäude - An der Verwendungsstelle hergestellte Wärmedämmung aus Mineralwolle (MW) - Teil 1: Spezifikation für Schüttdämmstoffe vor dem Einbau; Deutsche Fassung EN 14064-1:2010
DIN EN 14316-1:2004-11	Wärmedämmstoffe für Gebäude - An der Verwendungsstelle hergestellte Wärmedämmung aus Produkten mit expandiertem Perlite (EP) - Teil 1: Spezifikation für gebundene und Schüttdämmstoffe vor dem Einbau; Deutsche Fassung EN 14316-1:2004
DIN EN 14317-1:2004-11	Wärmedämmstoffe für Gebäude - An der Verwendungsstelle hergestellte Wärmedämmung mit Produkten aus expandiertem Vermiculit (EV) - Teil 1: Spezifikation für gebundene und Schüttdämmstoffe vor dem Einbau; Deutsche Fassung EN 14317-1:2004

A.4. Normen für Dämmstoffe für die technische Gebäudeausrüstung

Normbezeichnung	Titel (der entsprechenden DIN)
DIN EN 14303:2010-04	Wärmedämmstoffe für die technische Gebäudeausrüstung und für betriebstechnische Anlagen in der Industrie - Werkmäßig hergestellte Produkte aus Mineralwolle (MW) - Spezifikation; Deutsche Fassung EN 14303:2009
DIN EN 14304:2010-03	Wärmedämmstoffe für die technische Gebäudeausrüstung und für betriebstechnische Anlagen in der Industrie - Werkmäßig hergestellte Produkte aus flexiblem Elastomerschaum (FEF) - Spezifikation; Deutsche Fassung EN 14304:2009
DIN EN 14305:2010-03	Wärmedämmstoffe für die technische Gebäudeausrüstung und für betriebstechnische Anlagen in der Industrie - Werkmäßig hergestellte Produkte aus Schaumglas (CG) - Spezifikation; Deutsche Fassung EN 14305:2009
DIN EN 14306:2010-03	Wärmedämmstoffe für die technische Gebäudeausrüstung und für betriebstechnische Anlagen in der Industrie - Werkmäßig hergestellte Produkte aus Calciumsilikat (CS) - Spezifikation; Deutsche Fassung EN 14306:2009
DIN EN 14307:2010-03	Wärmedämmstoffe für die technische Gebäudeausrüstung und für betriebstechnische Anlagen in der Industrie - Werkmäßig hergestellte Produkte aus extrudiertem Polystyrolschaum (XPS) - Spezifikation; Deutsche Fassung EN 14307:2009
DIN EN 14308:2010-03	Wärmedämmstoffe für die technische Gebäudeausrüstung und für betriebstechnische Anlagen in der Industrie - Werkmäßig hergestellte Produkte aus Polyurethan-Hartschaum (PU) und Polyisocyanurat-Schaum (PIR) - Spezifikation; Deutsche Fassung EN 14308:2009
DIN EN 14309:2010-03	Wärmedämmstoffe für die technische Gebäudeausrüstung und für betriebstechnische Anlagen in der Industrie - Werkmäßig hergestellte Produkte aus expandiertem Polystyrol (EPS) - Spezifikation; Deutsche Fassung EN 14309:2009
DIN EN 14313:2010-03	Wärmedämmstoffe für die technische Gebäudeausrüstung und für betriebstechnische Anlagen in der Industrie - Werkmäßig hergestellte Produkte aus Polyethylenschaum (PEF) - Spezifikation; Deutsche Fassung EN 14313:2009
DIN EN 14314:2010-03	Wärmedämmstoffe für die technische Gebäudeausrüstung und für betriebstechnische Anlagen in der Industrie - Werkmäßig hergestellte Produkte aus Phenolharzschaum (PF) - Spezifikation; Deutsche Fassung EN 14314:2009

Literaturverzeichnis

Dipl.- Ing. Christoph Sprengard u. a. (2012): Technologien und Techniken zur Verbesserung der Energieeffizienz von Gebäuden durch Wärmedämmstoffe, München.

Max Direktor (1995): Dämmung und Isolierung, München.

Ulrich E. Stempel (2009): Dämmen und Sanieren in Alt- und Neubauten, Poing.

Ulrich E. Stempel (2008): Häuser richtig dämmen, Poing.

Verbraucherzentrale Bundesverband e.V. (2009): Wärmedämmung - Vom Keller bis zum Dach, 6, Berlin.

: Dämmstoffe: Einteilung und Eigenschaften der Wärmedämmstoffe für die Wärmedämmung, Online-Ressource http://www.waermedaemmstoffe.com/htm/eigenschaften.htm, Letzter Zugriff: 28.12.2016.

: Aerogel.jpg (JPEG-Grafik, 300 × 367 Pixel), Online-Ressource http://www.aerogel24.de/out/pictures/generated/product/1/665_665_75/pyrogel-xt_e(7).jpg, Letzter Zugriff: 29.12.2016.

: aerogel-roh.jpg (JPEG-Grafik, 800 × 800 Pixel), Online-Ressource http://www.aerogel24.de/out/pictures/master/product/1/aerogel-roh.jpg, Letzter Zugriff: 29.12.2016.

: Mineralwolle.jpg (JPEG-Grafik, 1004 × 544 Pixel), Online-Ressource https://daemmstoffeimnetz.de/wp-content/uploads/2015/03/sg_kf4-032_140er.jpg, Letzter Zugriff: 02.01.2017.

: Schaumglas.jpg (JPEG-Grafik, 350 × 282 Pixel), Online-Ressource http://de.foamglas.com/de/waermedaemmung/produkte/produktuebersicht/foamglas_platten/#1-1-1, Letzter Zugriff: 02.01.2017.

: Holzfaser.jpg (JPEG-Grafik, 620 × 300 Pixel), Online-Ressource http://www.finnblock.com/images/stories/Steico.jpg, Letzter Zugriff: 02.01.2017.

: Polystyrol EPS.jpg (JPEG-Grafik, 680 × 450 Pixel), Online-Ressource http://bachl.de/images/daemm/eps/produkte/EPS-Trittschall-Daemmplatte.jpg, Letzter Zugriff: 02.01.2017.

: Polystyrol XPS.jpg (JPEG-Grafik, 628 × 419 Pixel), Online-Ressource http://www.geweco.ch/images/02normplblaulilaa.jpg, Letzter Zugriff: 02.01.2017.

: Polyurethanplatte.jpg (JPEG-Grafik, 680 × 450 Pixel), Online-Ressource http://www.bachl.de/images/daemm/pur/produkte/PUR-PIR-Daemmplatten-MV.jpg, Letzter Zugriff: 02.01.2017.